Nordrhein-Westfälische Akademie
der Wissenschaften und der Künste

Nordrhein-Westfälische Akademie
der Wissenschaften und der Künste

Naturwissenschaften und Medizin

Vorträge · NM 479

Herausgegeben von der
Nordrhein-Westfälischen Akademie der Wissenschaften und der Künste

Theodor Schmidt-Kaler

EIN VORLÄUFERSTADIUM DES ZÄHLENS UND ABSTRAHIERENS BEI „HOMO ERECTUS“

Die Knochen-Artefakte von Bilzingsleben gedeutet als der Menschheit früheste Aufzeichnungen von Mondbeobachtungen

Ferdinand Schöningh

Paderborn · München · Wien · Zürich

518. Sitzung vom 4. Februar 2009 in Düsseldorf

Bibliografische Information der Deutschen Nationalbibliothek

Die Deutsche Nationalbibliothek verzeichnet diese Publikation in der Deutschen Nationalbibliografie; detaillierte bibliografische Daten sind im Internet über http://dnb.d-nb.de abrufbar.

Gedruckt auf umweltfreundlichem, chlorfrei gebleichtem und alterungsbeständigem Papier ♾ ISO 9706.

(Verlag Ferdinand Schöningh GmbH & Co. KG, Jühenplatz 1, D-33098 Paderborn)

Internet: www.schoeningh.de

Printed in Germany. Herstellung: Ferdinand Schöningh, Paderborn

ISBN 978-3-506-77389-0

INHALT

VORWORT

In Bilzingsleben (Krs. Sömmerda) wurde 1969 eine altpaläolithische (370 000 Jahre vor heute benützte) Lagerstätte des *Homo erectus* entdeckt. Dort wurden unter anderen Relikten auch vier Knochen (A1-A4) mit eingravierten Strichen gefunden, die bisher noch nicht befriedigend gedeutet sind. Gegenstand der vorliegenden Abhandlung ist vor allem ein 40 cm langes Stück vom Schienbein eines Waldelefanten (A1), von dem offenbar nach der Gravur ein Stück abgebrochen ist. Es blieb nicht erhalten. Genaue Analyse von A1 erweist sein Strichmuster als hochsymmetrisch und erlaubt so die Rekonstruktion der Striche auf dem abgebrochenen Teil: wahrscheinlich bildeten sie – entsprechend den Strichen auf der erhaltenen Gegenseite – einen Fächer von sieben Geraden. Demnach haben sich auf A1 insgesamt drei Fächer mit 7 + 13 + 7 = 27 Geraden befunden. Es wird ausgeführt, dass es in der Umwelt der Bilzingslebener nur ein einziges Phänomen gab, welches mit diesem spezifischen Strichmuster abgebildet worden sein könnte, nämlich der Mondlauf mit seinen 27 Stationen im 27-tägigen Sternmonat. Das Artefakt könnte für praktische und kultische Zwecke als „Kalender" gedient haben. Der Aufsatz schließt mit Erläuterungen der Konsequenzen für unser Bild von der Evolution des Menschen.

Die 1969 in Bilzingsleben (Krs. Sömmerda) am Rande des Thüringer Beckens in Travertin-Steinbrüchen entdeckte altpaläolithische Wohn- und Lagerstätte wurde bis 2007 systematisch ergraben. Der Fundhorizont enthielt eine riesige Menge von Siedlungsstrukturen, Knochenabfällen, Feuersteinsplittern und Fossilfunden, auch Schädelresten und Zähnen des *Homo erectus*. „Der Fundplatz gibt einen umfangreichen und detaillierten Einblick in das Leben und Treiben dieser frühen Menschen, in ihre Kultur und ideellen Fähigkeiten, wie bisher keine andere Fundstelle", so die Urheber und Leiter der Forschungsgrabung Bilzingsleben 1969-92 (Landesmuseum Halle) sowie der Forschungsstelle Bilzingsleben (Univ. Jena) 1992-2003, Dietrich und Ursula Mania (Mania & Mania 2004, 69). Das Alter des Fundhorizontes wurde zu 370 000 Jahren bestimmt, also etwas älter als das der Fundstätte von Schöningen (rund 100 km nördlich) mit ihren technisch vorzüglichen Wurfspeeren (Thieme 1997, 1998). Es war eine Warmzeit, in der sich durch eine aufsteigende Karstquelle mächtige Schichten des ausgezeichnet konservierenden Travertinkalks bilden konnten. Eichen-Hainbuchen-Wälder, in feuchten Gebieten mit Weidendickichten, in trockenen Gebieten mit lichten Buchsbaumgebüschen wie heute im nördlichen Mittelmeergebiet verweisen auf ein teils submediterranes, teils subkontinentales Klima mit warmen Wintern, trockenen Sommern und Niederschlagsmaxima im Frühjahr und Herbst; im Winter etwa 2 °C, im Sommer etwa 5 °C wärmer als heute. Eine reiche Tierwelt von Biber, Wildschwein, Affe und Reh bis hin zu Hirsch, Bison, Wildpferd, Nashorn und Elefant bot vielfältige Jagdbeute, ebenso Muscheln, Wasservögel und reichen Fischbestand in dem an den Lagerplatz nördlich angrenzenden See[1]. Die großen Pflanzenfresser hielten das Gelände offen. Salzquellen am Fuße des Kyffhäusers, 10 km entfernt, waren in einem Tagesmarsch erreichbar. Die 29 Schädelreste und 9 Zähne entsprechen dem *Homo erectus* von Olduvai und dem Sinanthropus von Chukutien, „sie haben nichts mit dem Homo Heidelbergensis und den archaischen Sapiens-Formen gemein" (Mania & Mania 2004, 77).

DIE FUNDSTELLE

Der offenbar über lange Zeit benutzte Lagerplatz erstreckt sich über etwa 50 x 28 m^2 (Abb. 1).

Nördlich davon im See liegt eine über 10 m breite Abfallzone mit unzähligen Essensresten, zerbrochenen Tierknochen, Silexsplittern usw. Drei rundli-

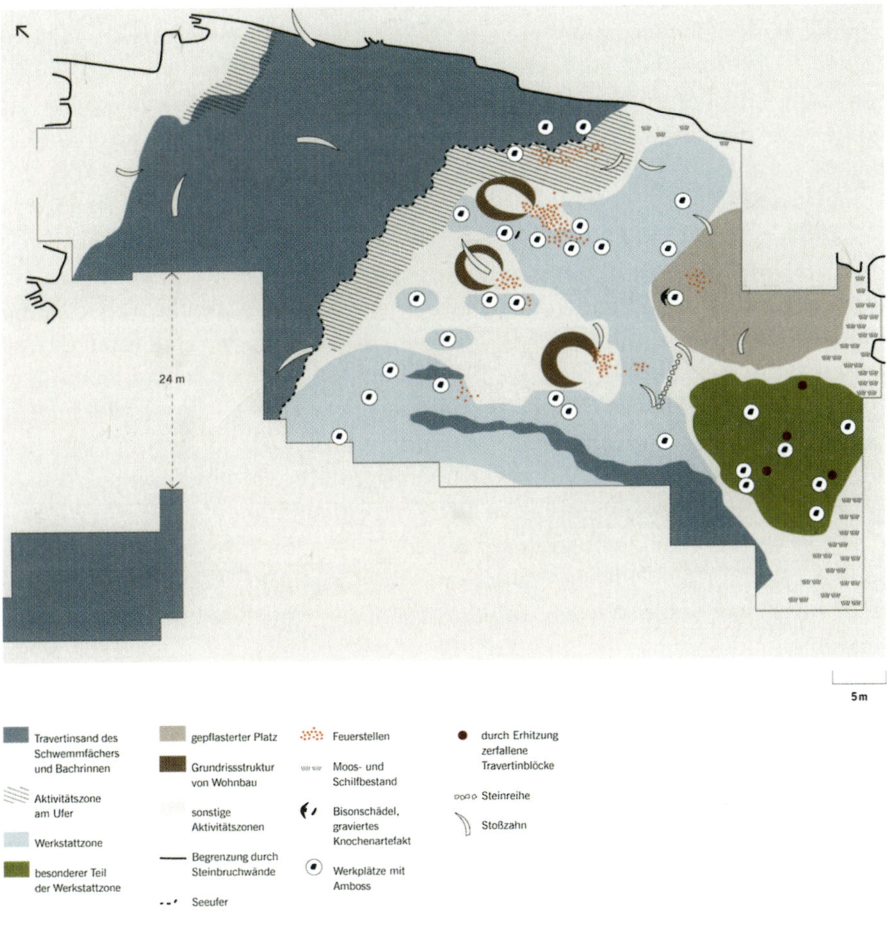

Abb. 1: Der Lagerplatz von Bilzingsleben mit Aktivitätszonen und rekonstruierten Strukturen nach Mania & Mania 2004 (S. 80). Geographische Breite φ = 51°,2. Ausgrabunsstand 1995.

che Strukturen von etwa 3 m Durchmesser mit Öffnung nach Süden, daneben je ein Feuerplatz im SO, werden als Reste der Befestigung von dauerhaften Grashütten gedeutet. Um sie herum fand sich die Mehrzahl der 30 „Werkplätze“ mit Amboss (Travertinblöcke bis 50 kg, auch große Elefantenknochen). Feuernutzung war wohlbekannt. Gerölle mit Hitzerissen und schaligen Aufsplitterungen wurden als Kochsteine identifiziert, wie sie heute noch im südlichen Chile von den Mapuche benutzt werden. Große Geröll- und kleine Feuersteingeräte, Messer, Schaber, Bohrer, Meißel, dolchartige und Hiebgeräte wurden in großer Menge gefunden. Auch Holz wurde verarbeitet, wie versteinerte Holzspäne und bis zu 2,5 m lange Stangen beweisen, die als Jagdwaffen gedeutet werden. Im SO kam ein fast kreisförmiger Platz von 9 m Durchmesser zutage, der ein zusammenhängendes Pflaster aus Travertinstücken, flachen Knochen und Muschelkalk hatte, flächendeckend und eben wie eine Tenne. Hier lag nichts herum von Abfall, fertigen Werkzeugen und dergleichen. Die Tenne hatte nur einen einzigen Werkplatz: ein Quarzitblock ragte aus der Pflasterung heraus; die zwei Hörner eines Bisonschädels umfassten ihn (Abb. 2).

Im W schloss sich eine ostwestlich ausgerichtete Reihe von 12 Kalksteinblöcken an, an deren Ende jeweils ein Elefantenstoßzahn lag, möglicherweise einst aufgerichtet. Unmittelbar neben dem Bisonschädel und ebenso unmittelbar neben den Stoßzähnen der Steinreihe lagen menschliche Schädelfragmente – alle übrigen (bis auf eins) lagen im Südwesten des Lagerplatzes und Schwemmfächer des Seezuflusses. Die Manipulationen an den Schädeln hatten offenbar irgendetwas mit den Stoßzähnen bzw. dem Bisonschädel zu tun, bevor sie schließlich zum Abfall geworfen wurden (da an den zahlreichen Knochenresten keinerlei Hyänenverbiss festgestellt werden konnte, muss es sich in Bilzingsleben um einen ständigen Lagerplatz handeln).

Ferner wurden von zwei größeren Schädelresten im Schwemmfächer einige Splitter auch auf dem Pflaster gefunden! Die flache und ebene Tenne war sowohl für Zeremonien wie für Tanz, Darstellung und Bewegung der ideale Schauplatz; ich nenne sie daher kurz Festplatz. „Offensichtlich sind die Schädel nicht im frischen, sondern im mazerierten, skelettierten Zustand zerschlagen worden. Ein postmortaler Schädelkult? Hier haben wir es offenbar mit einem aufkeimenden Weltbild dieser frühen Menschen zu tun“ (Mania & Mania 2004, S. 96)

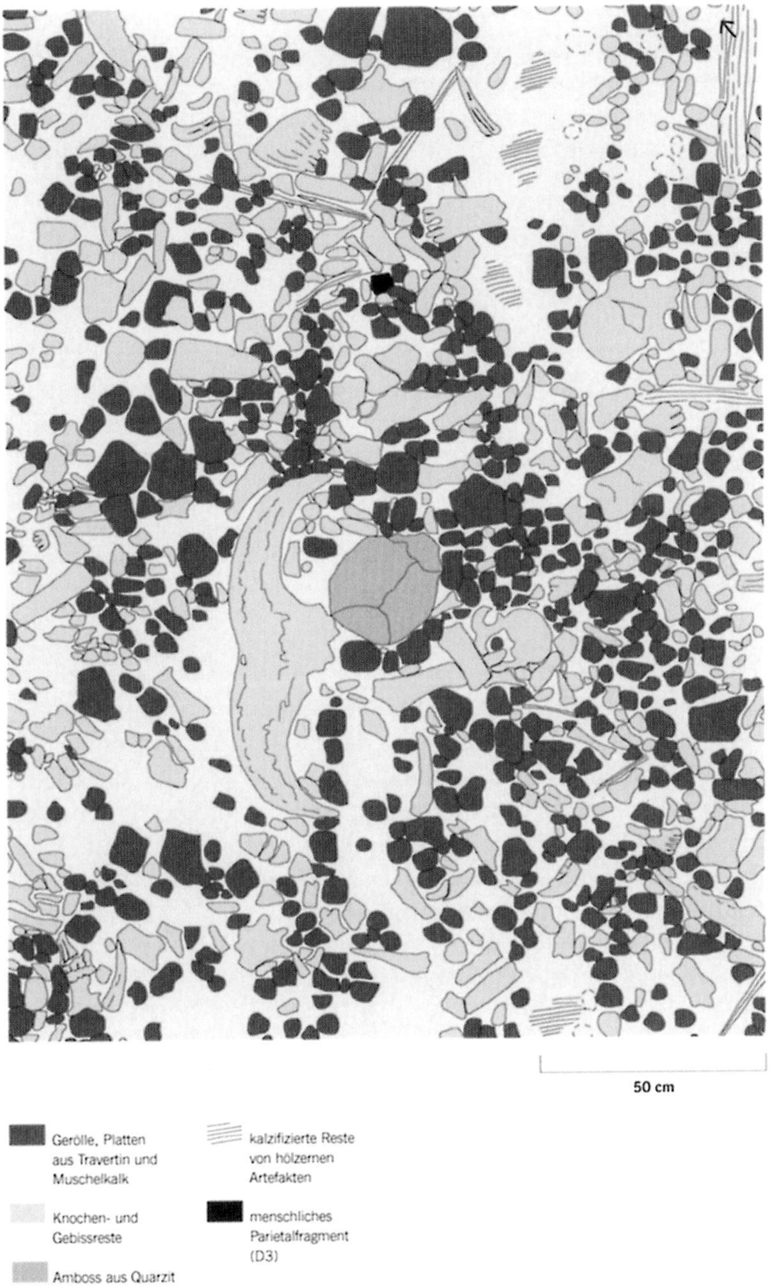

Abb. 2: Ausschnitt aus dem gepflasterten Platz gemäß Mania & Mania (2004), p. 85.

Übersicht des Inventars am Lagerplatz

	W	F	E	K	A	S	Bemerkungen
Hütte 1	2	1	1	-	-	-	nahe Festplatz
Hütte 2	2	1	1	-	A1	-	
Hütte 3	5+1?	1	-	-	A2, A3	-	von Ost nach West aufgereiht
Hütte 4 (?)	3	1	1-2	-	A4	-	Dgl.
Kochplatz	7	-	-	4	-	-	nahe Hütte 1
Festplatz	1	1	2+2	-		2	nahe Hütte 1
Summe	20+1?	5	7-8	4	3	4	
Alle	30	6	13	4	3-4	10	

Tabelle 1: Die Verteilung der Werkplätze mit Amboss (W), der Feuerplätze (F), der Elefantenstoßzähne (E), der Kochsteine (K), der Knochenartefakte (A), der Schädelfragmente (S) auf die Bereiche der Hütten, den besonderen Teil der Werkstattzone („Kochplatz") und auf dem gepflasterten Platz („Festplatz").

Ich erschließe übrigens aus dem ausgedehnten Feuerplatz und dem an dieser Stelle weiter austretenden und alles überdeckenden Schwemmsandkegel, dass es dort vermutlich eine Hütte 4 gegeben hat. Eine Hierarchie der Hütten zeichnet sich ab: Hütte Nr. 1 ist im Süden allen anderen Hütten vorgelagert, liegt zunächst dem Festplatz und dem Kochplatz; die Steinreihe zwischen den beiden Elefantenstoßzähnen scheint ihr direkt zugeordnet, vermutlich auch der geheimnisvolle einzige Werkplatz auf der Tenne neben dem Bisonschädel. Hat vielleicht der Travertinsand des Schwemmfächers noch eine weitere Hütte im Westen vor Hütte 2 zugedeckt, von deren einstiger Existenz nur noch Reste eines Feuerplatzes und das Knochenartefakt A4 zeugen?

DIE ARTEFAKTE AUF DEN KNOCHEN

Unter den Abertausenden vom *Homo erectus* und seiner Umgebung hinterlassenen Relikten fanden sich auch jene vier Knochen mit eingravierten Strichen (Mania & Mania 1988). Die internationale Forschung hat von diesen Artefakten kaum Kenntnis genommen, während die „Protoplastik" von Berekhet Ram (230 000 Jahre) und die primitiven Faustkeile von Boxgrove (500 000 Jahre) immer wieder neu diskutiert wurden.

Objekt	Länge / Breite / Dicke in mm	Knochenart	Gravur	Anzahl	Bemerkungen	Mittlere Länge	Mittlerer Abstand
A 1	395 / 120 / 65	Schienbein des Elefanten	gerade Linien	> 21	in zwei (drei?) Gruppen	28 mm	9 mm
A 2	286 / 361 / 5-9	Rippe eines großen Säugers	gerade Linien	7	davon 4 Dreier-Gruppen	21	22
A 3	141/ 61/ 20	Elefantenbein	gerade Linien	5+3	5 Zweier-Gruppen (parallele Linien)	(20)	7
A 4	114 / 55 / 9	unbekanntes großes Säugetier	gerade Linien	7 bis 8	2 bis 3 Zweier-Gruppen (gekreuzte Linien)	27	4
Mittelwerte	234 / 68 / 25			> 13		24	11

Tabelle 2: Gravierte Artefakte von Bilzingsleben

Die vier gravierten Knochen wurden von Mania und Mania bereits 1988 detailliert beschrieben und anschließend von einer Reihe eingeladener Spezialisten (Bahn, Bednarik, Davidson, Davis, Gallus und Halverson) eben dort kritisch kommentiert[2]. In allen Fällen handelt es sich um gerade Linien von etwa 20 bis 70 mm Länge, die – gerade weil sie nahezu parallel gezogen sind oder aus einem Konvergenz-Zentrum herauszukommen scheinen – als intentionale, frühmenschliche Hervorbringung beurteilt und daher ausgesondert wurden. Alle Gutachter sind sich einig, dass es sich um absichtliche, wohlüberlegte Gravierungen handelt. Auch ich komme zu diesem Schluss, zumin-

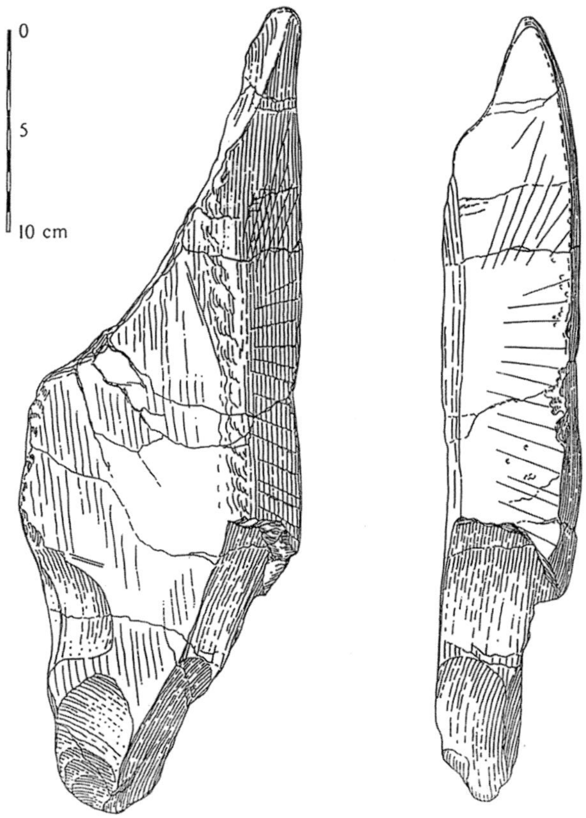

Abb. 3: Knochenartefakt A1 gemäß den Umzeichnungen von Mania & Mania (1988).

dest bei A1, A2 und A3. Die Artefakte A1-A4 (= Abb. 2-4 gemäß Mania & Mania, 1988), ferner A1 als Photographie in Meller (2004) = Abb. 5.42 sowie A2 = Abb. 5.43) sind in Tabelle 2 kurz charakterisiert.

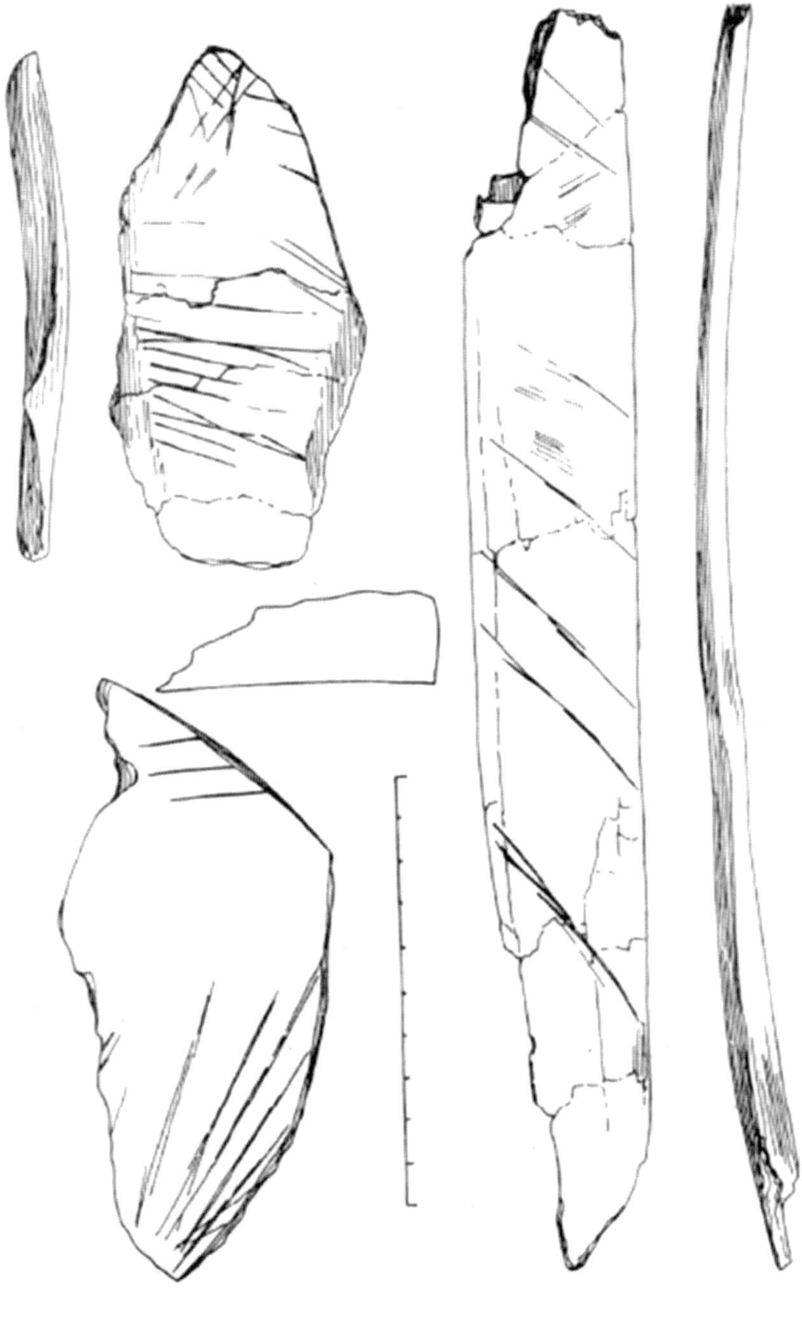

Abb. 4: A2, A3 und A4 gemäß detaillierter Umzeichnung von Mania.

BISHERIGE DEUTUNGEN DER STRICH-ARTEFAKTE AUF A1

Was die Vorstellung betrifft, dass die Artefakte Ergebnis gezielter menschlicher Herstellung sind, verwiesen bereits Mania & Mania (1988) darauf, dass der eindrucksvollste Knochen A1 zwischen zwei Werkplätzen gefunden wurde. Genauso ist A2 neben einer anderen Hütte situiert gewesen und auch A3 und A4 lagen jeweils direkt neben dem Amboss eines Werkplatzes.

Die Methodik der jahrzehntelangen Ausgrabungen und die Kalzifizierung der Relikte im Travertin dürften jede Art von Fälschung oder Unterschiebung ausschließen. Gleiches gilt für natürliche Prozesse wie Abrasion durch Sandkörner, Gesteinssplitter, Fressmarken durch das Gebiss von Fleisch- oder Aasfressern und dergleichen. Die späteren Bruch- und Risslinien gehen mitten durch die älteren Einritzungen.

Des Weiteren betonten die Entdecker, dass das Knochenmaterial gezielt ausgewählt war, nämlich nahezu ebene Flächen hat. Mit Blick auf den zentralen gepflasterten Platz schließen sie, dass *Homo erectus* die Fähigkeit zu abstraktem Denken hatte und Anfänge rituellen Verhaltens zeigte, und dass ohne Existenz einer Sprache als verbales Kommunikationsmittel derartige Leistungen nicht denkbar seien. Diese letzteren beiden Schlussfolgerungen wurden allerdings zum Teil vehement kritisiert. Besonders wichtig für die Interpretation von A1 erscheint mir, dass bereits Mania & Mania (1988) vermuteten, dass auf dem abgebrochenen und verloren gegangenen Stück des Elefantenknochens das Strichmuster fortgesetzt war. Dabei nahmen sie an, dass sich auf dem unversehrten Knochen 28 Striche befanden (Abb. 5).

Eine interessante erste Deutung dieses auf 28 Striche erweiterten Musters in Verbindung mit dem Lauf des Mondes wurde von Schößler (2003) gegeben:

„Einem sich der Astronomie widmenden Menschen ist der Anblick des nächtlichen Himmels vertraut. Das gilt auch für das wechselnde Bild des Mondes und sein monatlich wiederkehrendes Wandeln. Jeweils nach den Neumond-Terminen erscheint die schmale Sichel des zunehmenden Mondes kurz nach Sonnenuntergang tief am westlichen Himmel, im Ganzen sehr schräg nach rechts geneigt. Von Nacht zu Nacht wird sie jeweils um 13 Winkelgrade weiter links, also südlicher sichtbar. Dabei richtet sie sich immer weiter auf. Nach sieben Tagen im ersten Viertel – also bei Halbmond (zunehmend) – entspricht die Neigung ihrer geraden Kante recht genau der Neigung des Strichs Nr. 8 (von rechts gezählt), wenn man das Fundobjekt entgegen den vertrauten Abbildungen auf den Kopf gestellt und in der ergänzten Form betrachtet.

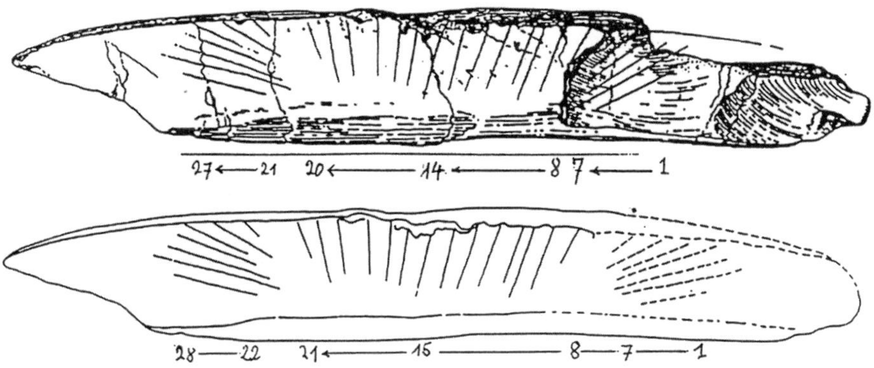

Abb. 5: Rekonstruktion von A1 gemäß Schmidt-Kaler (oben) und Mania (unten). Orientierung von A1 mit dem zunehmenden Mond (im Ersten Viertel) auf der rechten Seite. Das Symmetriezentrum ist zweifellos der am weitesten nach unten durchgezogene Strich 14. Die Manias haben das nicht beachtet; ihr Symmetriezentrum liegt in der Mitte zwischen 14 und dem vorausgehenden Strich. Was besagt die korrekte Rekonstruktion in der Deutung als sukzessive Mond-Örter? Die erste Sichel eines Mondes taucht am frühen Abend tief im Westen auf, beim Blick nach Süden also rechts. Jeden folgenden Abend erscheint sie ein Stück höher, und ein Stück weiter im Süden (d.h. nach links verschoben), erreicht bei Vollmond im Süden um Mitternacht größte Höhe und größten Glanz und steigt als abnehmende Sichel im Osten wieder ab zum Horizont. Die längste Sichtbarkeit des Mondes umfaßt 27 aufeinanderfolgende Nächte, in denen er alle „Häuser" in der Ekliptik gerade einmal anläuft.

Nach weiteren 14 Tagen (Strich 8 bis 21 = 14 Striche), zu Beginn des letzten Viertels, ist Halbmond (abnehmend). Dann erscheint die gerade Kante des Halbmonds nach links geneigt – auch da entspricht die Neigung des Striches 21 gegen Mitternacht dem, was der Mond zeigt. Im letzten Viertel erscheint der Mond am nächtlichen Himmel immer weiter im Osten – zu Beginn seiner Sichtbarkeit wandert er von Nacht zu Nacht weiter nach links. Nach 28 Tagen ist er frühmorgens kurz vor Sonnenaufgang das letzte Mal als schmale, jetzt sehr stark nach links geneigte Sichel tief über dem östlichen Horizont sichtbar. Dann folgen zwei mondlose Neumond-Nächte und das Spiel der Lunation beginnt von neuem.

Betrachtet man das Knochenstück mit der strichlosen Kante nach unten und waagerecht sowie nach Süden hin (etwa Vollmond-Richtung) vor sich haltend, dann ergibt sich eine frappierende Übereinstimmung zwischen dem Ritzbild und dem nächtlichen Monat für Monat wiederkehrenden Schauspiel dieses seltsamen Dinges am Himmel."

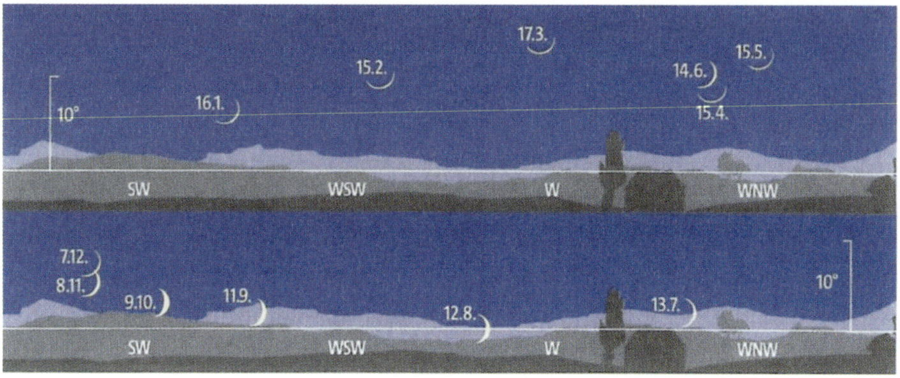

Abb. 6: Stellung und relative Lage der zunehmenden Mondsichel zum Westhorizont jeweils am ersten Sichtbarkeitstag nach Neumond (Erste Sichel) und eine halbe Stunde nach Sonnenuntergang im Jahr 2010 für die geographische Breite φ = 50°, entnommen aus Kosmos Himmelsjahr 2010.

So schön und einleuchtend diese Erklärung klingt – sie ist leider nicht ganz richtig. Denn die Grundannahme über die schräge, sich langsam aufrichtende Sichel des jungen Mondes (und das gegenteilige Phänomen beim alten Mond) trifft nur in den drei Frühlingsmonaten zu (und auch da nicht immer wegen der wechselnden Neigung der Mondbahn): Man braucht nur die Stellung der ersten Mondsichel anzuschauen (Abb. 6).

Außerdem bleibt Position und Richtung der Striche in den 13 Tagen um Vollmond unerklärt. Und da Schößler Artefakt A1 für einen Kalender hält, muss er wegen der 29 $^1/_2$ Tage für eine Lunation (schwankend 29 bis 30 Tage) den *Homo erectus* seinen Kalender fast jeden Monat um 1 oder 2 Tage zurück- (oder vor-) stellen lassen. Damit verlangt Schößler vom *Homo erectus* vor 370 000 Jahren erheblich mehr an geistiger Leistung als der islamische Kalender vom heutigen Muslim. Dennoch gebührt ihm das Verdienst, als erster auf den Mond als Objekt des durch Striche chiffrierten Artefakts A1 hingewiesen zu haben.

GRUNDLAGEN FÜR DIE NEUE INTERPRETATION DES STRICHMUSTERS VON A1

Rhythmische, sozusagen automatische Kritzeleien, wie man sie bei Menschenaffen und Kleinkindern beobachten kann, sehen ganz anders aus. Die Striche sind fest und tief angesetzt und offenbar von der Kante weg nach innen gezogen. Alle Striche sind in dieser Weise ziemlich gleichmäßig gemacht. A1 wurde mit ein und demselben Gerät wahrscheinlich nur von *einem* Individuum graviert, A3 vermutlich von einem anderen Individuum, aber jedenfalls auch mit nur *einem* Gerät, und zwar einem anderen als dem für A1 benutzten[3]. Auf keinen Fall handelt es sich bei A1-A3 um „Schneidebretter", auf denen Fleisch zerlegt wurde, oder Ähnliches. Dass aber auf allen Objekten parallele gerade Linien vorherrschen, oft noch in Gruppen angeordnet, spricht entschieden dafür, dass die Objekte A1-A3 absichtlich produziert wurden. Ob sie Anfänge von Kunst oder „Response to geometric aspects of the object" oder „non-utilitarian decor" (Bednarik) darstellen, muss dahingestellt bleiben.

Eine schartige Feile macht parallele Kratzer. Könnte ein schartiger Schaber die Ritzlinien verursacht haben? Zunächst ist zu fragen, für welche Arbeit man ausgerechnet die Schmalseite der Tibia als Unterlage wählen musste. Zweitens ergibt sich im Versuch zwar eine ungefähre Nachbildung von Liniengruppen, aber niemals von divergenten Fächern. Die Linien setzen fast alle an der oberen Kante an und machen als Ganzes viel zu sehr den Eindruck einer gleichmäßigen, bewusst verwirklichten Anordnung, um in irgendeiner Weise Produkt des Zufalls zu sein.

Unter Tonnen von Material fanden sich die drei oder vier Artefakte von Bilzingsleben. Sind die Materialien anderer Grabungen (Olduvai usw.) ähnlich sorgfältig durchsucht worden? Bednarik (S. 98) gibt einige Hinweise, deren Verfolgung vielleicht dazu führen könnte, dass das Bilzingslebener Artefakt A1 keineswegs so singulär dasteht, wie es jetzt den Anschein hat. Im Neandertal und in Höhlen der Schwäbischen Alb hat Nachsuche die erstaunlichsten Früchte gezeitigt.

Davidson (1988, 10) wirft die entscheidende Frage auf: „Übermitteln die Gravierungen irgendeine Information?" Warum sollte der Bilzingslebener *Homo erectus* gezielt Striche oder andere Markierungen produzieren, wenn es für diese keine Bedeutung gab? Mussten die Gravierungen nicht etwas depiktiv beschreiben, um eine Bedeutung zu besitzen? Was aber sollten die Striche abbilden? Welches Objekt oder welches Phänomen im weitesten Sinne des Wortes besitzt mindestens 20 Teile? Von der Elefanten-Tibia ist ja (schon in alter Zeit) ein Stück abgebrochen. Nimmt man bei A2 die später zu besprechende Teilung in Dreier-Gruppen ernst, so handelt es sich auch in diesem Fall um mindestens 15 Linien, denn auch hier ist ein Teil abgebrochen.

Mania & Mania hatten die bei A1 zu beobachtende Symmetrie ins Spiel gebracht, um eine Rekonstruktion mit 28 Strichen vorzuschlagen. Welches Lebewesen oder Naturgebilde hat 28 mehr oder minder gleiche Teile? Pflanzen und Tiere weisen Symmetrien (z.B. Beine) bis zur Anzahl 8 auf. Die Zahl der Gruppenmitglieder in den 3-4 engen Grashütten war sicher kleiner als 20. Wurde Jagdbeute abgezählt? Wozu? Primitive Völker zählen nie über 20, oft zählen sie nur: 1, 2, vielleicht noch 3, viele. Die einzige große Naturzahl von humaner Bedeutung, die mir einfällt, ist neben der Anzahl der Finger und Zehen 10 bzw. 20 die der Zähne eines vollständigen Gebisses 32.

Vor der Deutung der Striche erscheint es jedoch unabdingbar, erst einmal über das verlorene Stück mehr Klarheit zu gewinnen. Daß auf diesem Stück sich gerade wieder der Fächer der anderen Seite befand, ist als Hypothese naheliegend, aber nicht beweisbar. Entfällt damit jede Sicherheit für eine Deutung? Keineswegs! In Abb. 7 sind die Anfangs- und Endpunkte der erhalten gebliebenen Striche durch Geradenstücke verbunden (der Endpunkt von 7 liegt im Bereich des Abbruchs). Es ergibt sich in beiden Fällen vorzügliche Symmetrie spiegelbildlich um Strich 14. Dieser ist um 13° gegen die Senkrechte zur Ober- und Unterkante der Knochenfläche geneigt. Die Gesamtzahl der Striche kann bei der beobachteten Symmetrie nur ungeradzahlig sein, nämlich 7 + 6 + 1 + 6 + 7 = 27, egal wie die Rekonstruktion im Detail durchgeführt wird.

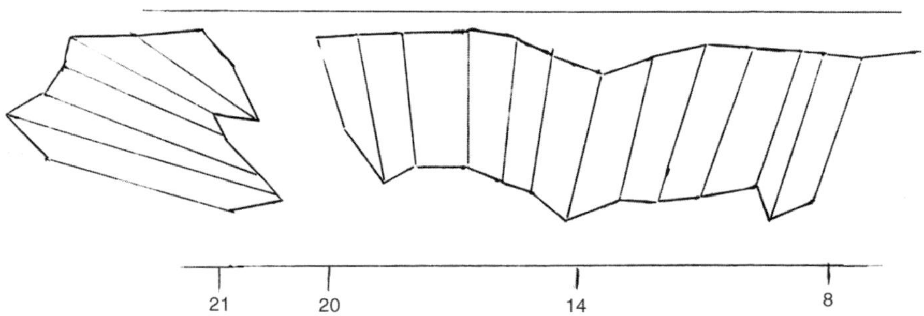

Abb. 7: Die erhaltenen Anfangs- und Endpunkte der Striche (verbunden jeweils durch Geraden) erweisen sich als spiegelsymmetrisch um Strich 14. Die mittlere Ober- und Unterkante der nahezu ebenen Arbeitsfläche ist ebenfalls angedeutet.

SYMMETRIE UND REKONSTRUKTION VON A1

Die sorgfältige Umzeichnung des Originals durch Mania ist in Abb. 9 wiedergegeben. Die Striche setzen am Rande mit etwa $^1/_2$ mm Tiefe ein und laufen nach innen zu dünner und flacher aus. Wenn die Striche auf etwas hindeuten sollen, so muss der Knochen umgekehrt wie in den Originalabbildungen orientiert sein: sonst würde sich das angedeutete Objekt in weniger als 1 m Entfernung befinden; die 7 konvergenten Striche links würden das zugehörige Objekt sogar noch auf dem Knochen selbst lokalisieren. Mit der umgekehrten Orientierung (d.h. der Rand, den die Striche gerade noch knapp erreichen, nach vorne oder nach oben) wird zugleich der Tiefen- und Breitenverlauf der Striche verständlich: der Graveur sah in beträchtlicher Entfernung vor (oder über) sich das Objekt/Phänomen, fixierte die den Grabstichel führende Hand in dieser Richtung und führte dann den festen Strich auf sich selbst zu. Anders herum könnte die Richtung nie so sicher und genau reproduziert werden. Die Symmetrie (Abb. 5 und 7) erscheint nahezu exakt zentrisch um den längsten Strich (= Nr. 14). Geht man von der Symmetrie aus, so erwartet man spiegelsymmetrisch zum Fächer links einen wegen der Neigung von 14 um etwa 13° steiler aufgestellten Fächer rechts. Das Vorhanden- oder Nichtvorhandensein von Strichen ist sicherlich bedeutsamer für die Symmetrie als (kleine) Differenzen in den Abständen. Daher ziehe ich die Ergänzung zu 27 Strichen ganz entschieden vor, in der mit Strich 7 das genaue spiegelsymmetrische Abbild des erhalten gebliebenen Fächers endet.

Dieser Schluss wird bestärkt, wenn man die geometrische **Mitte** des ganzen Knochens bestimmt: Sie liegt 6 mm rechts von Strich 14. Anders gesagt: Strich 14 liegt nur 1,5 % entfernt von der Mitte des Knochens in seiner ursprünglichen Länge. Durch Zufall ist das kaum zu erreichen. Der Bilzingslebener muss die Mitte des Knochens z. B. mit Hilfe eines Haares genauer bestimmt haben. Er hatte also die Vorstellung „Mitte" und realisierte sie mittels Halbierung des Fadens – eine bemerkenswerte geistige Leistung.

EIN UNTERBROCHENER ZYKLUS?

Überlässt man sich unvoreingenommen dem Anblick von Abb. 5, so sieht man eine Art Uhrzifferblatt (ohne Ziffern) vor sich. Es entsteht der Eindruck, dass ein Zyklus abgebildet werden sollte, ein Zyklus allerdings, der auf der unteren Hälfte der Schmalseite der Tibia abbricht, nicht weil es dort an Platz mangelt, sondern weil der Zyklus selbst abbricht, und dann wieder neu anfängt. Wenn aber wirklich ein Zyklus gemeint ist, dann betrifft die zu übermittelnde Information einen zeitlichen Vorgang, ein zeitliches Phänomen. Das Problem reduziert sich damit auf die Frage: *Welches Phänomen in der Umwelt der Bilzingslebener hat 27 zeitliche Abschnitte oder Teile?* Die Antwort fällt eindeutig aus, ähnlich wie schon von Schößler angenommen: Es ist alleine der Lauf des Mondes. Allerdings nicht die Phasen des Mondes sind ausschlaggebend, sondern die 27 Tag für Tag aufeinander folgenden Stationen, die altbekannten 27 „Häuser" des siderischen Mondes! (vgl. Schmidt-Kaler 2005, 2008). Sinnträger der Information von Artefakt A1 ist also der Mond durch seinen Lauf, der ihn jeden Abend, jede Nacht nahe bei einem anderen hellen oder auffallenden Stern zeigt. „Dem Urmenschen ziehen Sonne, Mond und Sterne über den Himmel als Tiere hin", sagt der berühmte Altphilologe Boll bereits 1913.

Schößler hatte an die Anzahl der aufeinander folgenden Nächte gedacht, in denen der Mond überhaupt sichtbar ist vom Erstlicht (junge Mondsichel) an über den Vollmond bis zur letzten Sichel. Nach 1 bis 4 Tagen Unterbrechung (bei Bewölkung oder schlechter Sicht noch länger) taucht er dann wieder auf. Diese Erklärung hat jedoch zwei Schwierigkeiten:

1. in Abhängigkeit von Wolken, Wetter und atmosphärischer Klarheit, also von der Jahreszeit, variiert die Anzahl der Tage ohne Mond sehr erheblich,
2. selbst bei ständig klarem Himmel und gleichbleibend vorzüglicher Sehschärfe der Beobachter schwankt die Anzahl von 24 bis 27 (28 Sichtbarkeitstage gibt es nie!), siehe Anhang 2.

Der rechte Divergenzfächer erklärt sich dadurch, dass bei Sonnenuntergang der junge Mond sukzessive jeden Abend weiter nach Osten (also nach links) und höher rückt, analog erklärt sich der linke Fächer durch die Position der alten Sichel: vor jedem Sonnenaufgang rückt sie ein Stück tiefer und ein Stück weiter nach Osten. Aber wodurch spalten sich die 13 Positionen um Vollmond herum auf? Dies lässt sich dadurch erklären, dass der Bilzingslebener eine „Uhr" besessen hat, so dass er jede Nacht, ziemlich genau um dieselbe Zeit (kurz nach Mitternacht) nach dem Mond Ausschau halten konnte. Eine solche

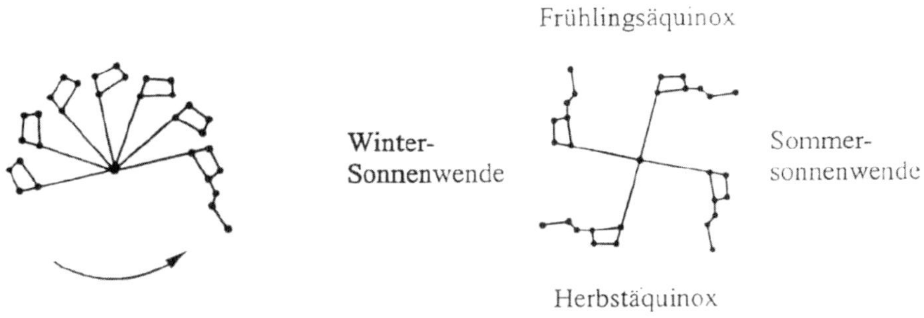

Abb. 8: links: Die Große Bärin als Uhr zu Frühlingsbeginn (von 18h bis 6h), rechts: Blick nach Norden um 22h als Monatsweiser.

Uhr stand ihm tatsächlich in Gestalt der großen Bärin (UMa) zur Verfügung (Abb. 8).

Um Mitternacht steht der Vollmond genau im Süden und wandert dann nach rechts. Die dem Vollmond zuzuordnende zentrale Linie besitzt einen Winkel 77° = 90° – 13° gegen die Unter- (und die Ober-) Kante des Knochens (die den Horizont vertritt), entsprechend dem Zeitpunkt (13° mal 4 Zeitminuten pro Grad infolge der Erdrotation =) 52 Minuten nach Mitternacht. Der Hersteller des Artefakts konnte allerdings die Positionen auch ohne jede Uhr anbringen: Er musste nur mit der zuletzt eingeritzten Linie das Mondhaus des Vorabends (z. B. die Plejaden) anvisieren und daneben die neue Linie in Richtung auf den Mond einritzen.

Der Mond kann auf seiner Bahn über den Himmel am Monatsanfang nur zu Beginn der Nacht beobachtet werden und zwar nur im Westen (beim Blick nach Süden also rechts). Um die Vollmondzeit ist er während der ganzen Nacht von Aufgang im Osten bis zum Untergang im Westen zu sehen(beim Blick nach Süden in der Mitte). Am Monatsende sieht man ihn nur gegen Ende der Nacht und zwar nur im Osten (beim Blick nach Süden also links). Dabei steht er bei jeder folgenden Beobachtung vor einem neuen Sternen-Hintergrund: in einer neuen „Station". Die „Stationen" oder „Häuser" reihen sich Nacht für Nacht aneinander und bilden in 27 Nächten einen vollen Kreis (die Ekliptik), den der Mond immer wieder neu durchläuft. Die vom Mond der Reihe nach angelaufenen Stationen erkennt man daher auch ohne Mond und sieht, dass sie sich zu einem kreisförmigen Gebilde zusammenschließen, von dem im Laufe der Nacht immer Teile untergehen, andere Teile aufgehen. Diesen Sachverhalt dürfte der Bilzingslebener *Homo erectus* erkannt haben: für ihn wechselte der Mond wie ein Wild seinen Einstandsort von einem Stern zum anderen.

Auch dem heutigen Beobachter fällt trotz aller künstlichen Beleuchtung auf, dass im Verlauf des Monats der Mond in der Nähe verschiedener auffälliger Sterne steht wie α Tau (Aldebaran), α Ori (Beteigeuze), α und β Gem (Kastor und Pollux), αLeo (Regulus) usw. Für den vorgeschichtlichen Beobachter ohne Ablenkung durch helle künstliche Leuchten (und ohne Fernsehen) war das ein immer wiederkehrendes spannendes Schauspiel! Genauso wie er Einstandsplätze, Brunft und Tragezeit seiner Beute-Tiere scharf beobachtete und sich merkte, genau so beobachtete und merkte er sich die Stationen, an denen der Mond Nacht für Nacht einkehrte. Der siderische Monat von 27 Tagen war ihm insofern wohl vertraut, auch wenn ihm die Worte für solche Zeitbegriffe und für solche Zahlen fehlten – vertraut war er damit durch die tägliche Erfahrung. **Und diese Erfahrung liefert mit Erscheinen der Ersten Sichel eine Art Kalender für 27 aufeinander folgende Tage!**

Mit der ersten Mondsichtung eines Monats beginnt dieser Kalender zu laufen. Am Morgen nach der 27. Nacht kehrt der Mond wieder zu seinem ersten Haus zurück, zu jenem hellen Stern, bei dem er bei Erstsichtung zu sehen war: „vollendet unter Sternen seinen Lauf." Die Periode des Lichtwechsels, der Lichtmonat hat dagegen 29 ½ Tage. Dass der Licht-Mond dem Sternen-Mond um zwei Tage nachhinkt, haben die Alten ausgedrückt, indem sie den Hephaistos als hinkenden Gott beschrieben, obwohl er der einzige legitime Sohn von Zeus und Hera ist, von Himmelsvater und Himmelsmutter. Der Patriarch der Israeliten, Jakob, kämpft im Morgengrauen mit Gott und geht hinkend davon: „und als er an Pni-El (= Angesicht Gottes) vorüber war, ging die Sonne auf, er aber hinkte an der Hüfte" (Gen. 32, 31). Verstümmelt ist auch der älteste Gott der Germanen, Tiu. Ob das Hinken des Mondes mit zu den Tänzen auf der Tenne des Festplatzes gehörte?

In Bilzingsleben wurde also ein siderischer Monat aufgezeichnet. *Warum haben das die Archäologen nicht erkannt?* Der moderne Mensch kennt den Monat allein als Zeitbegriff: „etwa 30 Tage" oder „etwa vier Wochen", nach einigem Nachsinnen „Zeit, in der der Mond alle seine Gestalten durchläuft". Daß er auch ganz bestimmte Orte am Himmel der Reihe nach anläuft, ist kaum bekannt. Der Amateur-Astronom Schößler liefert mit seiner komplizierten Interpretation eine treffende Illustration dieses Tatbestandes – und Immanuel Kant die Erklärung dafür (Anhang 5). Das menschliche Denken aber wurde über 99% der Zeit vom Begriff des siderischen Monats geformt und geschult! Anwendungen dieser Begrifflichkeit stehen Pate bei der Entstehung der frühesten Mythen und ältesten Riten.

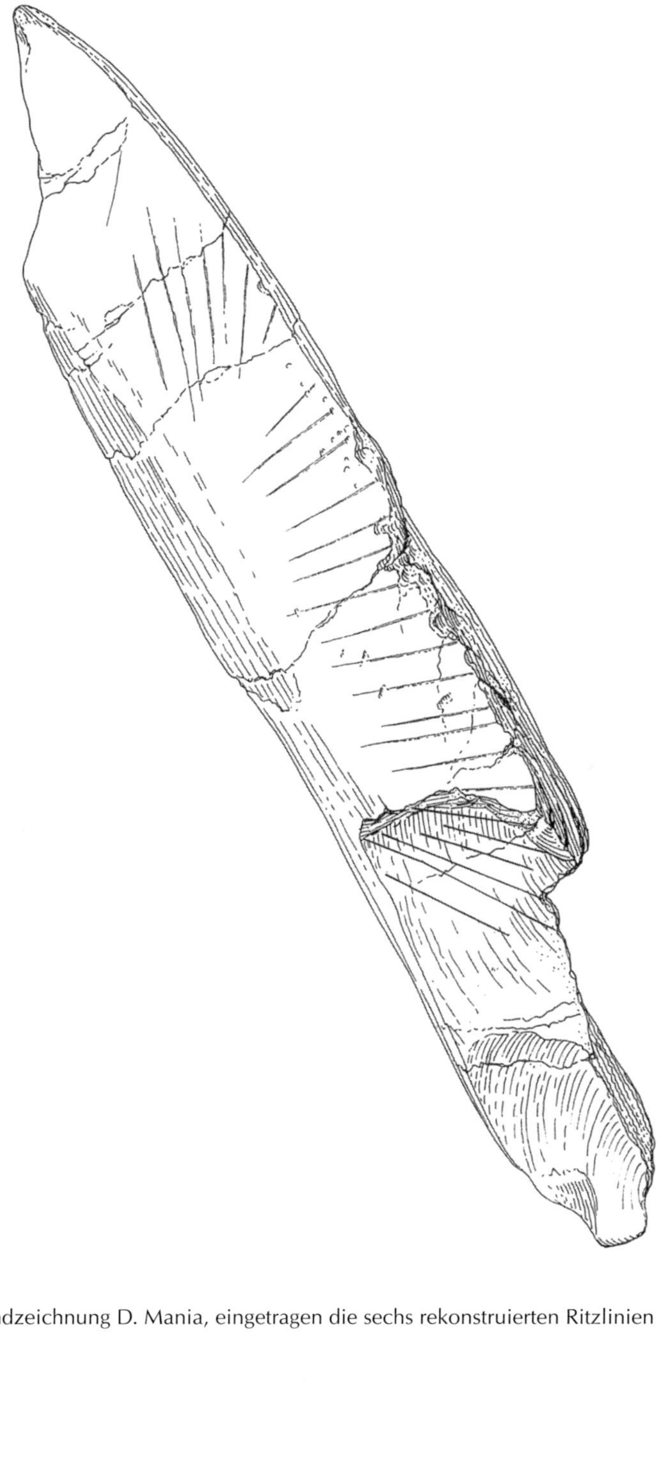

Abb. 9: Handzeichnung D. Mania, eingetragen die sechs rekonstruierten Ritzlinien

DER ERSTE ABSTRAKTE BEGRIFF

Dem Akt des klaren, zielgerichteten Gravierens gingen mit Sicherheit ungezählte Versuche (auch unzähliger Vorgänger) voraus, das Beobachtete festzuhalten, wahrscheinlich zuerst mit Bezug auf Landmarken (also genau wie bei der Beobachtung von Beutetieren), dann mit Stern-Marken. Den Mond kann man aber nicht mit Händen greifen wie ein erlegtes Beutetier – der erste Schritt von der Benennung eines Objektes zum abstrakten Begriff. Aber man kann auf den Mond **mit der ausgestreckten Hand deuten**. Nicht so auf den „Monat", den der Mond in einem Stern-Monat durchmisst ! Wie es dazu gekommen sein könnte, ist Gegenstand einer zweiten Arbeit (Anhang 4 und 5). Mit dem ersten **abstrakten Begriff** jedoch ist der *Homo erectus* recht eigentlich zum Homo sapiens geworden. Im Knochenartefakt von Bilzingsleben erkenne ich staunend und tief bewegt das Dokument der Menschwerdung: das erste überlieferte Zeugnis abstrahierender Vernunft, zugleich das älteste Symbol der Menschheit.

MATERIAL UND FORMAT DER GRAVIERTEN ARTEFAKTE

Ein Blick auf die Tabelle 2 lehrt, dass für die Anfertigung der gravierten Artefakte offenbar nur besonders edles Material gewählt wurde, nämlich große Knochen vom größten Tier, dem Elefanten. Die Wahl des Materials beweist erneut, dass die Gravierungen keinesfalls Zufallsergebnisse darstellen, sondern bestimmt waren für einen besonderen, hohen Sinn-Gehalt.

Erstaunlich ist das Format! Nicht die über 10 cm breite und 15-20 cm lange ebene Seitenfläche wird für das Gravieren ausgewählt, sondern die Schmalseite mit 5 cm Breite und fast 40 cm Länge. Der Zyklus, der abgebildet werden soll, erstreckt sich somit entlang eines schmalen Bandes (es ist das Band der Zodiakal-Sternbilder, durch die der Mond wandert) und bestimmt die Seitenwahl auf dem Knochen. Der Mond überstreicht im Laufe der Zeit die Ekliptik über eine Fläche der Breite ±5,4°. Das am Himmel sichtbare Laufband des Mondes ist also rund 11° breit und 180° lang (Verhältnis 1:16). Die hellen Sterne („Einstandsorte“) überdecken ungefähr 20° Breite (Verhältnis 1:9). Das Band des Striche-Zyklus (Abb. 5) zeigt etwa ein Verhältnis von 1:10. Es muß ein Zauber sein, der das eindrucksvolle „Wild“ am Himmel stets auf dieses Band bannt.

WAHRSCHEINLICHE JAHRESZEIT DER BESTIMMUNG DES MONDLAUFS

Wenn unsere Interpretation zutrifft, so entspricht die Mitte (= Strich 14) dem Vollmond, und der rechts (= im Westen) aufsteigende Fächer den täglich wachsenden Höhen des jungen Mondes am Abend, während der linke Fächer den abnehmenden Mond am Morgen wiedergibt. Der Mond scheint also um die Vollmondzeit keine größeren Höhen zu erreichen als auf dem Wege zum ersten Viertel. Wann ist das der Fall? Genau für die Vollmonde um die Sommersonnenwende, also etwa vom 7. Mai bis 5. August (so wie die Sonne selbst um die Wintersonnenwende, etwa vom 7. November bis 4. Februar bei der geografischen Breite $\varphi = 51°,2$ nur Höhen von 15° bis 23° zu erklimmen vermag). Im Mai bis August sieht man den Sommer-Vollmond – das Gegenstück der schwachen Winter-Sonne – nur knapp über dem Horizont müde dahinschleichen. Genau in dieser Zeit aber herrschte durchwegs klares Wetter im submediterranen Klima von Bilzingsleben, bestens geeignet für die ständige Verfolgung des Mondlaufes, besser als zu jeder anderen Jahreszeit!

WEITERE EVIDENZ

Das Artefakt A1 mit der symbolischen Gravierung des Mondlaufes lag im Süden zwischen den beiden Arbeitsplätzen vor der zweiten Hütte, also genau dort, von wo aus der Mond nach dem Heraustreten aus der Hütte zu beobachten war. Das Artefakt A2 fand sich in ähnlicher Position neben dem Eingang der dritten Hütte. Im Süden der ersten Hütte wurde kein graviertes Artefakt gefunden, dort war aber ca. 4 m südlich der Hütte eine Reihe von 12 Steinquadern, ausgerichtet nach Azimut 65° (also etwa ONO), an deren Ende jeweils ein Elefantenstoßzahn angebracht war, am westlichen Ende aufsteigend, am östlichen Ende absteigend[4]. Die gewaltigen gebogenen Stoßzähne (1,8 m lang!) dienten offenbar als Symbole der jungen wachsenden und der abnehmenden alten Mondsichel. Im Inneren der zweiten Hütte lag auch ein solcher Stoßzahn, ebenso neben dem Feuerplatz der ersten Hütte. Der Fest- und Tanzplatz, die große, gepflasterte, flache, fast kreisförmige Tenne, hatte nur einen Werkplatz. Weder Abfälle noch Geräte lagen herum. Aber im Nordwesten der Tenne, neben dem Quarzitblock des Werkplatzes lagen die beiden Hornzapfen eines **Bisonschädels** in der Pflasterung (vgl. Abb. 2). Schädel von Wildrind und Bison mit ihren gewaltigen Hörnern sind uralte Mondsymbole und immer noch suggestiv auch für den modernen Menschen[5].

Als erfahrene Jäger wussten die Bilzingslebener mit Sicherheit, dass die Tragezeit der Wildrinder und Bisons ziemlich genau mit der Schwangerschaftszeit ihrer Frauen übereinstimmt und zogen vielleicht daraus Analogieschlüsse über Geburt und Tod bei Tieren, Menschen und Mond, wie sie von Naturvölkern vielfach belegt sind. In der Nähe des Quarzitblockes wurden Fragmente von zertrümmerten menschlichen Schädeln gefunden. „Man möchte hier eine direkte Beziehung sehen zwischen dem Zertrümmern menschlicher Schädel, dem Amboss und dem Pflaster. Wir nehmen an, dass das Pflaster angelegt wurde, um diesen Platz zu markieren. Hier durfte nichts liegen bleiben oder abgelegt werden, was mit alltäglichen Aktivitäten zu tun hatte. Der gepflasterte Platz diente offenbar ganz besonderen kulturellen Handlungen" (Mania & Mania 2004, 85). In Anbetracht der Tatsache, dass der „Zauberer Mond" schwindet, stirbt und wiederersteht, erscheint mir die Vermutung **religiöser Vorstellungen** in Verbindung mit der gepflasterten Tenne und ihrem Inventar unabweisbar[6].

DIE GRAVIERTEN KNOCHEN-ARTEFAKTE A2 UND A3

Das Artefakt A3, hergestellt mit einem anderen Feuersteingerät als A1, mutet an wie eine Vorübung zur Erstellung eines Divergenzfächers. Freilich mit nur 5 Strichen statt 7, doch könnte der Rest abgebrochen sein. Noch interessanter ist Artefakt A2 mit vier auf einer Rippe eingeritzten Figuren von je drei aufeinander folgenden Linien, wobei jeweils eine die andere Linie teilweise überlagert. Es ist nicht auszuschließen, dass die Strichdarstellung mit der von Artefakt A1 zusammenhängt dergestalt, dass der Fächer des jungen Mondes (also rechts) gefolgt wird von der Reihe um Vollmond (Mitte) und wieder gefolgt vom Fächer des alten, verschwindenden Mondes (links): eine Dreiheit. Dann läge uns möglicherweise die symbolische Darstellung von vier aufeinander folgenden Monaten vor, entsprechend der sommerlichen Schönwetterperiode im pleistozänen Bilzingsleben II.

DER MOND – ERZIEHER ZU ABSTRAKTEN BEGRIFFEN UND ZUR ZAHL

Für den altpaläolithischen Jäger stellten die 27 Einritzungen die allnächtlich aufeinander folgenden Einstandsorte des größten Himmelswildes „Mond“ dar. Ein weiterer 28. Ort ist nie sichtbar, denn die maximale Sichtbarkeitsdauer des Mondes ist 24-27 Tage. Die 27 Tage sind der (siderische) „Monat“ – der erste abstrakte Begriff. Die Zahl 27 als solche ist dem paläolithischen Jäger kein Begriff; er hat wohl auch kein Wort dafür. Aber ihm würde sofort auffallen, wenn etwa ein Einstands-Ort irgendwo fehlte. Der Sinn und Begriff einer bestimmten Anzahl geht also dem Wort dafür auf jeden Fall voraus: **die Zahl war vor dem Wort. Und der Mond war der Erzieher zur Zahl,** höchste und ständige Aufmerksamkeit fordernd.

Wer aber Tag für Tag, Nacht für Nacht die Striche des Kalender-Knochens betrachtet und mit dem Anblick von Himmel und Mond vergleicht, der wird sicherlich zu zählen beginnen und endlich auch zusammen zu zählen, zu addieren, also zu rechnen anfangen.

Die beiden 7-Tage-Fächer des aufsteigenden jungen Mondes im Westen und des absteigenden alten Mondes im Osten und der im Durchschnitt am 7. Tage beobachtete Viertel- und der am 14. Tag beobachtete Voll-Mond zeichnen langfristig die Entstehung der 7-Tage-Woche vor, seit alters und weltweit die meistverbreitete Unterteilung des Monats.

ZUSAMMENFASSUNG

1. Die Ritzungen auf dem Knochenartefakt A1 sind sämtlich gerade Linien, mit fester Hand entschieden von außen nach innen gezogen: bewusst gezielte Geraden, absichtlich und überlegt hergestellt.
2. Der Hersteller hat ein Objekt oder Phänomen vor (oder über) sich der Richtung nach fixiert, und zwar auf der Schmalseite des Knochens. Das bestimmt die Orientierung im Gebrauch des Knochens; denn kein Objekt in Meterabstand (wo die Fächer konvergieren) bedurfte einer abstrakten Abbildung.
3. Die hohe Spiegel-Symmetrie der uns verbliebenen 21 Linien und die Positionierung der längsten und mittelsten Linie nahezu exakt in die Mitte der Knochenschmalseite erlauben eine Rekonstruktion der weggebrochenen Linien mit einem hohen Grad von Sicherheit: ein zweiter Fächer von 7 Linien auf der rechten Seite, insgesamt also 7 + 13 + 7 = 27 Linien.
4. Das rekonstruierte Gebilde macht wie ein Zifferblatt deutlich, dass ein zyklisches Phänomen dargestellt werden sollte.
5. Es gibt **ein und nur ein** regelmäßiges Naturphänomen mit 27 Zeitabschnitten: der Lauf des Mondes durch den Fixstern-Himmel mit 27 Einstands-Orten des „größten Himmelswildes" Mond. Das Artefakt stellt den siderischen Monat dar, die 27 „Häuser" des Mondes am Fixsternhimmel.
6. Dazu passt auch das Verhältnis von Breite und Länge des zyklischen Phänomens auf dem Relikt wie beim Mondlauf am Himmel.
7. Als wichtigstes Ergebnis möchte ich festhalten, dass beim Artefakt A1 mit dem umfangreichsten und am klarsten als intentional erkennbaren Zeicheninventar ein Abbild des Mondlaufes am Sternhimmel gemeint war. Dafür sprechen nicht nur die Eindeutigkeit und Klarheit der Interpretation, sondern auch alle weiteren Fund-Umstände: die Wahl des Materials, die Wahl des Formats, die Position des Fundortes, die Verbindung zu Darstellungsformen der jungen und der alten Mondsichel aus der Tierwelt, der Nachweis, dass die erforderlichen Mondbeobachtungen in der günstigen Hochsommerzeit bei ständig wolkenfreiem Nachthimmel stattfanden, schließlich die Tatsache, dass für die Artefakte A2 und A3 zwanglos verwandte Interpretationen möglich sind.

Die graphische Urform eines siderischen Mondkalenders nur für jeweils eine Periode von 27 Tagen hat aber auch einen wichtigen „Sitz im Leben" der Frühmenschen, so drücken die Theologen die lebenspraktische Bedeutung aus[7]:

1. Das Jagdwild bestand zu etwa 60% aus Nashorn, Hirsch und Bär. „Die Methode war die gemeinsame organisierte Großwildjagd. So waren gute Kenntnis des Wildverhaltens, gute Ortskenntnis, gutes Erinnerungsvermögen, schnelles Reagieren und kooperatives Handeln von großer Bedeutung für eine effektive Jagd und sicher auch von evolutivem Vorteil" (Mania & Mania 2004, 97-98). Für die Jagd auf Nashorn, Bär, Elefant und auf Pferdeherden war somit die allererste Bedingung die Zusammenführung der in Kleingruppen weit verstreuten Jäger – und dazu brauchte man den primitiven Kalender. Protein- und fettreiche Nahrung durch Großtierjagd aber war die unmittelbare Voraussetzung für die Ausbreitung des Menschen in kühlere geographische Breiten nördlich der Subtropen, auf das 2 oder 3-fache seines vorhergehenden Lebensraumes. Aus dem rudimentären 27-Tage Kalender wird sich durch die fortgeschrittenen Beobachtungen ungezählter Generationen schließlich ein fortlaufender siderischer Mond-Kalender verbunden mit einem fortlaufenden synodischen Mond-Kalender entwickeln – also genau das, was im Spätpaläolithikum und bis ins Neolithikum höchste Kalenderwissenschaft ist (Schmidt-Kaler 2005, 2008).

2. Die quasi-religiösen Vorstellungen über Leben und Tod, die sich in Verbindung mit der steten und hingebungsvollen Beobachtung des Mondes herauszubilden begannen, besonders aber das größte Fest des Monats, die Feier des Vollmondfestes, knüpften eine enge Verbindung zwischen Mensch und Mond. So wichtig die Periode des Sternmonats für die Jäger war, noch wichtiger wurde die Periode des Lichtmonats von $29^1/2$ Tagen für Mann und Frau. Bei Vollmondfesten kamen die verschiedenen Gruppen zusammen. Die Gefahr der Inzucht wurde vermieden, die Gefahr von Seuchen und genetisch-immunologischen Risiken minimiert.

Sehr wichtig ist ein weiterer Gesichtspunkt: *Homo erectus* verfügt mit den geritzten Knochen über eine ganz neue Kommunikationsform, die es nur bei Hominiden gibt. Auf dem Knochen konnte er durch Aufzeigen von Ritzlinien eine Vorstellung vermitteln und zwar ohne sprachliche Mitteilung, z.B. die Vorstellung des Mondlaufes unter den Fixsternen, eines bestimmten Mondortes am Himmel (Station) und damit eines bestimmten Datums (bzw. einer bestimmten Ordnungszahl) usw. Die Linien verkörpern gewissermaßen die Nacht für Nacht aufeinander folgenden Zeige-Akte – sie sind das abstrakte Bild des ausgestreckten Arms, der ausgestreckten Hand. Andererseits erscheint es praktisch ausgeschlossen, dass der Bilzingslebener das Artefakt hätte herstellen können, ohne dass er eine Idee von der Mondbahn mit ihren Stationen am Himmel bereits gehabt hätte und ohne dass er dies durch **demonstratives Zeigen** seinen Leuten schon oft erklärt hätte. Das „Zeigen" hat also nicht nur eine hinweisende, sondern auch eine erläuternde und erklärende Funktion. Es mündet nach Hunderttausenden von Jahren schließlich in die geometrische Beweismethode des Euklid, Vorbild für Kepler, Spinoza und Descartes: quod erat *demonstrandum*. Aus hundertfacher Erfahrung wusste der Bilzingslebener, wenn er den Mond an einem Abend durch die Plejaden (oder an ihnen vorbei) ziehen sah, dass der Mond am nächsten Abend beim roten Aldebaran und den Hyaden stehen würde: er konnte also auch genaue und feste **Voraussagen** machen. Diese Auszeichnung verdankte er dem Mond, und das musste seine Verbindung mit ihm noch verstärken.

Demonstratives Zeigen ist eine m. W. allein dem Menschen eigentümliche Kommunikationsform. Sie setzt meist gleichzeitig mit dem Erwerb der ersten Worte ein: „Auto, da!" Das Sprechen beginnt nach dem Lautbildungs- oder Brabbelstadium mit der Benennung als der einfachsten Form der Begriffsbildung. Nicht ohne tiefen Grund formuliert die älteste (jahwistische) Schöpfungsgeschichte gleich nach der Erschaffung des „Erdmenschen" Adam (Gen. 2,19): „Da bildete Gott der Herr aus Erde alle Tiere des Feldes und alle Vögel des Himmels und brachte sie zum Menschen (Adam) um zu sehen, wie er sie nennen würde (eigentlich: was er ihnen zurufe); und ganz wie der Mensch sie nennen würde (eigentlich: was er ihnen zurufen wird), so sollten sie heißen" (vgl. Platon, Anhang 5). Das Artefakt A 1 beweist aber nicht nur, dass *Homo erectus* demonstratives und deklaratives Zeigen gewohnt war, sondern auch dieses in der Vorform einer schriftlichen Kommunikation fixieren und weitergeben konnte. Wie beschrieben, war für all dies eine primitive Form der Sprache unabdingbar, die mit den Namen der Tiere und Dinge und Aufforderungen / Befehlen / Warnungen / Empfindungs-Ausdrücken verknüpft war. Für diese Sprachfähigkeit genügt das temporale Wernicke-Areal, das in der Tat beim *Homo erectus* vorhanden gewesen zu sein scheint (nach der Schädelformung zu schließen). Höhere Sprachfähigkeiten (Ordnung, Silben- und / oder Kasus-Bildung, Syntax) sind im Broca-Areal lokalisiert, das sich mit dem Wachstum des Frontalhirns erst zu bilden beginnt. Das olfaktorische System tritt zunehmend in den Hintergrund, was nicht zuletzt auf das zunehmende Zeigen (allein mit Hand und Auge operierend) zurückzuführen ist.

Die neue Gestik des ausgestreckten Arms stellt einen gewaltigen Darwinschen Vorteil dar: man kann sich bei der Jagd lautlos verständigen, oder bei entfernter Gefahr usw. Diese allein dem Menschen eigene Gestik ist erstmals in Bilzingsleben in graphischer Form nachweisbar: „Mond – da!"

Die Wirkung von Himmel und Mond auf die Evolution des Menschen

Der Blick des Frühmenschen zum Himmel, vor allem zum Mond hat tiefe, unverwischbare Spuren in der Evolution hinterlassen. Ich beschränke mich hier auf vier solcher Spuren. Im Unterschied zur vorausgehenden Abhandlung werden im Folgenden nur Plausibilitätsbetrachtungen, Vermutungen, der Umriss eines Forschungsprogramms vorgelegt.

Die hohe Aufmerksamkeit, die bereits die Hominiden dem Aufgang des Mondes widmeten, hat ihre Ursache in der relativen Wehrlosigkeit der bisher hangelnden und kletternden, jetzt aber bipeden Lebewesen in einer Umwelt mit nur noch inselartigem Baumbestand: sie mussten vor starken und schnellen Raubtieren ständig auf der Hut sein, also den Horizont unentwegt nach dem Auftauchen solcher Räuber absuchen (übrigens ein starker zusätzlicher Antrieb zum aufrechten Gang). Der den Horizont absuchende Blick war schlicht überlebensnotwendig! Die Folgen waren:

1. Der Geruchssinn wird zugunsten des Auges zurückgedrängt. Da die Retina Teil des Gehirns ist, können die komplexen optischen Informationen direkt auf große Teile des okzipitalen Cortex einwirken und lösen dort einen starken Wachstumsschub aus.
2. Der Blick aber haftet nicht mehr am Boden und an der nächsten Umgebung (wie im Regenwald), sondern er geht zum Horizont und auf große Entfernungen, weitet sich also maximal.
3. Die stark erhöhte Aufmerksamkeit für am Horizont auftauchende Objekte führt zu einer psychologischen Vergrößerung dieser Objekte.

Wegen Punkt 2 eröffnet sich bereits den frühesten Hominiden der **Blick zum Himmel** mit seinen Gestirnen, besonders zum Mond. Dieser erscheint unvermutet groß und plötzlich, während das Kommen der Sonne schon lange vorher durch die Morgenröte angekündigt wird. Wenn vor 370 000 Jahren ein Artefakt so perfekt wie A1 entsteht, so geht ihm mit Sicherheit eine ebenso lange Folge von Generationen voraus, in denen die Aufmerksamkeit sich auf den Mond fixiert, in denen dessen ständige Variationen von Lauf und Phasengestalt beobachtet, besprochen, gedeutet (im umfassenden Wortsinn), erwartet, vorhergesagt und kontrolliert werden. Wegen der mit den Jahreszeiten wechselnden Neigung der Ekliptik zum Horizont, wegen der in $18^1/_2$ Jahren periodisch wechselnden Neigung der Mondbahn zur Ekliptik und wegen der starken Bahnvariationen des Mondes ein unüberschaubar komplexes Schauspiel am Himmel, das die besondere Aufmerksamkeit bereits des Frühmenschen auf den Mond fokussiert. Die Fixierung des Frühmenschen auf den Mond als beherrschendes Gestirn über viele Zehntausende von Generationen muss auch die psychologisch-physiologischen Dispositionen des Menschen fixiert haben. So dürften sich einige bisher unerklärte Fakten erklären.

1. *Die Mondillusion.* So nennt man das Phänomen, dass der aufgehende Mond direkt am Horizont uns viel größer vorkommt als hoch am Himmel. Es gilt nicht nur für den Mond, sondern für alle Objekte, die fern am Horizont auftauchen und ist vermutlich Reflex des uralten Absicherungsbedürfnisses der Bipeden in Savanne und Steppe gegen schnelle Räuber. Der Effekt ist bisher unerklärt (Ross & Plug 2002).

2. *Die Dauer der Menstruationsperiode des Menschen.* Sie fällt mit etwa 29,5 Tagen mit der Lichtperiode des Mondes von 29,53 Tagen zusammen (in starkem Kontrast zur Periode der Menschenaffen)[8]. Die Abkoppelung der Menstruation vom Mond in ihrer Phase dürfte (wie die Experimente beim Schlafrhythmus und anderen biologischen Rhythmen zeigen) daher rühren, dass schon seit langer Zeit die biologische Uhr nicht mehr nach dem Mond gestellt wird (noch im Israel Davids galt ein Sexualtabu für die Neumondzeit, 1 Sam. 21,5.6 in Verbindung mit 20,5.18.26). Andererseits galt der erste Maivollmond weithin als Termin des Hexensabbats und wurde z.B. im ländlichen England noch im 18. Jh. so gefeiert).

3. *Die Einheit des Genoms der rezenten Menschheit.* Dagegen bilden Gorillas, Schimpansen und Bonobos jeweils genetisch sehr ausgeprägte, geografisch umrissene Subpopulationen aus. Eine Erklärung für diesen scharfen Gegensatz innerhalb der Hominiden könnte das gemeinsame Vollmondfest liefern, das die weit verstreuten Kleingruppen der Frühmenschen immer wieder zusammenführte, daneben die in Gemeinschaften durchgeführte Großwildjagd.

SCHLUSSBEMERKUNG

Die Geschichte der menschlichen Evolution ist – zumindest seit dem Auftreten des *Homo erectus* – nicht nur ein Reflex von Technikgeschichte, beginnend mit Geröll-Werkzeug und Faustkeil und der biologischen Antwort darauf (Entwicklung von Hand und Neocortex). Sie ist die Geschichte eines Wesens, das zum Himmel aufblickt, ihn deutet, zu verstehen trachtet und sich dessen bewusst wird, ist somit von Anfang an auch Religions- und damit Geistesgeschichte. Denn der *Homo erectus* von Bilzingsleben hat sich als rationales Wesen erwiesen, abstrakt sowohl als praktisch denkend, zugleich religiös suchend.

Der römische Dichter Ovid (43 vor – 17 nach Chr.) hat viele uralte astronomische Kenntnisse in mythischer Form in seinen „Metamorphosen" bewahrt, worüber bei anderer Gelegenheit zu berichten wäre. Ich schließe mit drei Zeilen aus dem Anfang seines großen Gedicht-Kranzes (metamorph. I 84):

> *Pronaque cum spectent animalia cetera terram,*
> *Os homini sublime dedit, caelumque videre*
> *Iussit et erectos ad sidera tollere vultus.*
>
> (Während die übrigen Tiere gebeugt zur Erde hin sehen,
> Gab er dem Menschen aufrechtes Antlitz und hieß ihn den Himmel
> Schauen, aufwärts den Blick empor zu den Sternen erhoben.)

Der Knochen von Bilzingsleben hat uns den Blick geöffnet in die ersten Anfänge von abstraktem Denken, von Rechnen und Religion. Es war der Homo erectus, der zuerst den Blick dem Himmel zuwendete, zu den Gestirnen. Die Evolutionstheorie des Menschen kann von der Lektion des antiken Dichters noch viel lernen.

ANMERKUNGEN

1 Fische und Muscheln sorgen für die essentiellen Omega-3-Fettsäuren, die Homo (im Gegensatz zu den Pongiden) nicht selbst produziert.

2 Über Bilzingsleben und das Paläolithikum generell siehe Mania (2004, 35), Mania & Mania (1988) und (2004, 69) und die dort angegebene Literatur, insbesondere die Bände Bilzingsleben I-VI.

3 Der für A3 benutzte Grabstichel hatte eine Doppelspitze, etwa 0,4 mm breit.

4 Die Abb. 2 bei Mania & Mania (1988) zeigt 12 große und einen kleineren Stein, die Abbildung 5.21 bei Mania & Mania (2004) zeigt 11 große Steine. In einem Jahr durchläuft der Mond 13 x seine Bahn (Sternenmonat) und wird 12 x voll (Lichtmonat).

5 Man denke an Catal Hüyük (6.000 v. Chr.) und an die alteuropäische Höhlenkunst. Vgl. Rappenglück (2008) und Literatur dort.

6 Die Reihe von Steinquadern zwischen den beiden Elefantenstoßzähnen neben dem Festplatz weist 10, nach anderen Abbildungen 11 oder 12 Steine auf, zusammen mit den beiden Stoßzähnen also die Anzahl 12, 13 oder 14. Die zugrunde liegenden Pläne der Grabung sind z. Zt. nicht zugänglich. Es liegt nahe – vorbehaltlich der Klärung der Fundsituation – an die 13 (gelegentlich 14) siderischen Monate des Jahres zu denken.

7 „Sitz im Leben" heißt: typische Verwendungssituation für eine Literaturgattung. Von Hermann Gunkel, beeinflusst von Märchenforschung und Volkskunde 1913 eingeführt zur Analyse der Texte des Alten Testaments und ihrer literarischen Gattungen, anschließend von M. Dibelius und R. Bultmann übertragen in die Exegese des Neuen Testaments (sog. Formgeschichte). Hier verallgemeinert auf nicht-literarische, symbolisch interpretierbare Relikte. Der „Sitz im Leben" ermöglicht es, die dem Relikt korrespondierende kommunikative Situation zu erkennen und zu beschreiben: wer teilt mit, wer empfängt und wie, welche Wirkung ist angestrebt?

8 Allerdings ist es verwunderlich, dass der Herausgeber des bekannten medizinischen Nachschlagewerkes W. Pschyrembel die normale menschliche Menstruationsperiode zu 29,5 Tagen angibt (S. 1051 in der 254. Auflage, 1986), in seinem Lehrbuch der Gynäkologie (4. Auflage 1968 und 5. Auflage 1991) jedoch von 28 Tagen ausgeht.

DANKSAGUNG

Auf die Artefakte von Bilzingsleben wurde ich durch Herrn R. Koneckis aufmerksam gemacht. Den Hinweis auf die Arbeit von Schößler erhielt ich von Herrn Prof. D. Mania. Den Herren Prof. E. Geyer, Prof. D. Mania, Prof. R. Rüdel und Dr. B. Steinrücken danke ich für kritische Durchsicht des Artikels. Die Herren Koneckis und Steinrücken machten mich auf eine Interpretationsmöglichkeit erneut aufmerksam, die ich bereits verworfen hatte: hätte das Artefakt 28 Ritzlinien, so gäbe es 27 Zwischenräume. Jetzt wäre durch die Striche nicht der Mond in seinen aufeinander folgenden Orten (Richtungen) symbolisiert, sondern die Räume (Häuser) selbst bezeichnet, die er im Lauf der siderischen Periode besetzt. Im altindischen Denken sind in der Tat die Zwischenräume eines Rades genau so bedeutsam wie die Speichen. Das spricht für eine derartige Interpretation. Dagegen spricht nicht nur der Verlust der Symmetrie um die Vollmondposition, sondern auch die getrennte Position des erhalten gebliebenen Fächers.

LITERATUR

Franz Boll 1913
Die Entwicklung des astronomischen Weltbildes, abgedruckt in F. Boll, Kleine Schriften zur Sternkunde des Altertums (hg. V. Stegmann, Leipzig 1950, 225-282, S. 227.

Mania 2003
U. Mania, Gravierungen auf Knochenartefakten der altpaläolithischen Fundstelle Bilzingsleben – ein wichtiger kultureller Aspekt, Veröff. Landesamt Archäol. Bd. 57, S. 395-402 und Farbtafel S. 707, Halle (2003), Festschrift Mania

Mania 2004
D. Mania, Jäger und Sammler der Eiszeit im mittleren Elbe-Saale-Gebiet. In H. Meller (Hg.) Halle 2004, S. 35-59 Katalog zur Dauerausstellung im Landesmuseum für Vorgeschichte Halle Bd. 1, 35-59.

Mania/Mania 1988
D. Mania, U. Mania, Deliberate engravings on bone artefacts of *Homo erectus*, Rock Art Research 1988, Vol. 5, No., p. 91-95, 104-107, 127-132 (Plate 1-14) sowie: Comments by P. E. Bahn, R. G. Bednarik, I. Davidson, W. Davis, A. Gallus, J. Halverson, ibidem pp. 95-104.

Mania/Mania 2004
D. Mania, U. Mania, Der Urmensch von Bilzingsleben. Seine Kultur und Umwelt. In: H. Meller (Hg.), Katalog zur Dauerausstellung im Landesmuseum für Vorgeschichte Halle, Halle 2004, S. 69-102. Ferner die Grabungs- und Fundberichte Bilzingsleben I-VI.

Rappenglück 2008
M. Rappenglück, Astronomische Ikonographie im Jüngeren Paläolithikum APA 40, 179, 2008.

Ross/Plug 2002
H.E. Ross, C. Plug, The Mystery of the Moon Illusion, Oxford 2002.

Schößler 2003
K. Schößler, Versuch zur Deutung der Strichmuster auf dem Artefakt Bilzingsleben Nr. 208, 33 – ein Mondkalender? Praehistoria Thuringica Heft 9, 29-34, Artern 2003.

Schmidt-Kaler 2005
Th. Schmidt-Kaler, Die neolithische Kalender-Revolution. Archäologie In Deutschland 2005, Heft 6, 31 (2005).

Schmidt-Kaler 2006
Th. Schmidt-Kaler, Zur astronomischen Deutung der Himmelsscheibe von Nebra, Js. Mitteldt. Vorgesch. Bd. 90, 2006, 235-265, S 242.

Schmidt-Kaler 2008
Th. Schmidt-Kaler, Die Entwicklung des Kalender-Denkens in Mitteleuropa vom Paläolithikum bis zur Eisenzeit, in: APA = Acta Praehist. et Archaeol. 40 (2008), 11-36.

Thieme 1997
H. Thieme, Lower Palaeolithic hunting spears from Germany. Nature 385, 1997, 807-810.

Thieme 1998
H. Thieme, Altpaläolithische Wurfspeere von Schöningen. Praehistoria Thuringica Heft 2, S. 22-31, 1998.

ANHÄNGE

Anhang 1: Das Zählen und die Zahlen

Es ist bekannt, dass höhere Tiere, z.B. Raben und Dohlen, Anzahlen von 1 bis 5 unterscheiden können. „Viel" beginnt auf jeden Fall spätestens bei 6, es sei denn die Objekte seien vorgeordnet (z.B. in Dreiergruppen). Dass *Homo erectus* zu solchen Leistungen auch fähig gewesen sein dürfte, ist angesichts der Hirnvolumina überaus wahrscheinlich. Darüber hinaus dürfte er in der Lage gewesen sein, mittels der Finger seiner Hände solche Zahlen mitzuteilen.

Problematisch wird es freilich (wenigstens in kühlen Klimaten), wenn die zehn Finger der zwei Hände nicht mehr ausreichen. Die (mindestens) 21 Linien auf A1 beweisen aber, dass die Zahl 20 übertroffen wurde. Solche Zahlen stellen hohe Anforderungen an das begriffliche Differenzierungsvermögen einer Sprache, wogegen sie durch angeordnete Gegenstände leicht zu demonstrieren sind.

Zu den tatsächlich im Laufe der Geschichte gebrauchten Zahlensystemen siehe Gr. Ifrah 1930, The Universal History of Numbers, Kap. 1-3.

Anhang 2: Sichtbarkeit des Mondes und Länge des Lichtmonats

Die Länge des Monats (z.B. von Neumond zu Neumond, definiert im modernen astronomischen Sinne) beträgt 29,27 bis 29,84 Tage, im Mittel 29,53 Tage. Der beobachtete Lichtmonat dauert immer 29 Tage (53% der Fälle) oder 30 Tage (47% der Fälle), nie 28 oder 31 Tage. Die erste Sichel wird sichtbar ab 20 Std. nach Neumond (Frühjahr, steile Ekliptik) bis zu einigen Tagen nach Neumond (Herbst). Die Dunkelzeit dauert 2,5 bis 4,5 Tage. Der Mond ist demnach (bei Abwesenheit von Bewölkung) in einem Monat sichtbar von 24 bis zu 27 Tagen, bei $\varphi < 40°$ 25 bis 27 Tagen.

Die Zeit des Vollmondes (antisolare Position) kann mit einem Fehler von etwa 8 – 10 Std. festgestellt werden, am besten indem man bei Sonnenunter- oder -aufgang in Richtung des vom Beobachter geworfenen Schattens schaut. Das Erste bzw. Letzte Viertel (Halbmond) ist innerhalb etwa ± 5 Std. feststellbar. Die höchste Genauigkeit erzielt also ein auf die Halbmondphase gestützter Kalender. Wenn man jedoch mehr Wert auf Sicherheit (im Gegensatz zur Genauigkeit) legt, so sorgt ein auf die Sichtung der Ersten Sichel gegründeter Kalender für mehr Zuverlässigkeit und Gleichförmigkeit (Literatur: B.E. Schaefer, J. Hist. Astr. Archaeoastr. No. 17, 1992; L.E. Doggett, B.E. Schaefer, Icarus

107, 388, 1994 und e-Mail Schaefer 12. Jan.2008.) Bilzingsleben liegt bei höherer geographischer Breite (also ungünstiger) als die von Schaefer ausgewerteten Beobachtungsreihen.

Die älteste antike Regel besagt, dass hohle und volle Monate sich abwechseln (zu 29 und 30 Tagen), dass der Mond 27 Häuser hat, und dass er im Durchschnitt 3 Tage nicht sichtbar sei. In moderner astronomischer Sprache heißt das: der synodische Mond hat im Mittel 29 $^{1}/_{2}$, der siderische Monat 27, die Sichtbarkeit des Mondes 26 Tage. Diese Kenntnisse gehen vermutlich vor das 3. Jahrtausend zurück. Im 3. Jh. v. Chr. kannte der Babylonier Kidenas (Kidinnu) die synodische Periode 29,53059 bis auf die fünfte Dezimale genau, die siderische Periode 27,32166 mit einem Fehler von $3 \cdot 10^{-5}$ Tagen, d.h. weniger als 3 Sekunden. Die uralte Regel „Vollmond ist am 15. Sichtbarkeitstag" besagt, dass der Vollmondstag eher einen Tag zu spät als zu früh gefeiert wird. Da aber die Vollmond-Erscheinung drei Tage andauert, wird der Vollmond mit dieser Zeitspanne auf jeden Fall getroffen.

Anhang 3: Gestalt und Funktion des Sternbildes Große Bärin (Ursa Maior) im Verlauf der letzten Jahrhunderttausende

Die heutigen Konstellationen (Sternbilder) stammen auf dem Wege über die griechische Mythologie zumeist aus dem Mesopotamien des 3. und 2. Jahrtausends vor Chr. Eindeutig proto-indogermanisch geprägt sind aber UMa und die Plejaden, die voreinzelsprachlich sowohl im Altindischen (Rgveda um 1500 v. Chr.) wie im Altgriechischen (Homer, Hesiod im 8. Jh. v. Chr.) und anderwärts nachgewiesen sind (Scherer, 1953 S. 131 f, Schmidt-Kaler 2006, S. 242-243 und Anm. 20, 21, 24). In anderen, erst später dokumentierten indogermanischen Sprachen ist die Bärin so heilig, dass ihr wahrer Name zum Tabu wird und nur mehr Umschreibungen wie „die Braune" (= ber-), „der Honigschlecker (= medwed-) gestattet sind und überleben. UMa ist die bei weitem größte Stern-Konstellation in Polnähe, mit der heiligen Zahl von sieben Hauptsternen, seit altersher ein Uhrengestirn für die Nacht.

Über sehr lange Zeiträume sind allerdings auch die Fixsterne nicht fest am Firmament, sondern verändern durch ihre Eigenbewegung ihren Ort. Auf Grund der neuesten Satellitendaten (Hipparcos) wurden die Positionen der sieben hellsten Sterne von UMa für -98000 bzw.+98.000 Jahre (von heute) berechnet (Meeus, Jahreiß 2008 persönl. Mitt.) Die Ergebnisse der Rechnung habe ich herangezogen, um die Position auf -200000 und -300000 Jahre zu extrapolieren (Abb. 10).

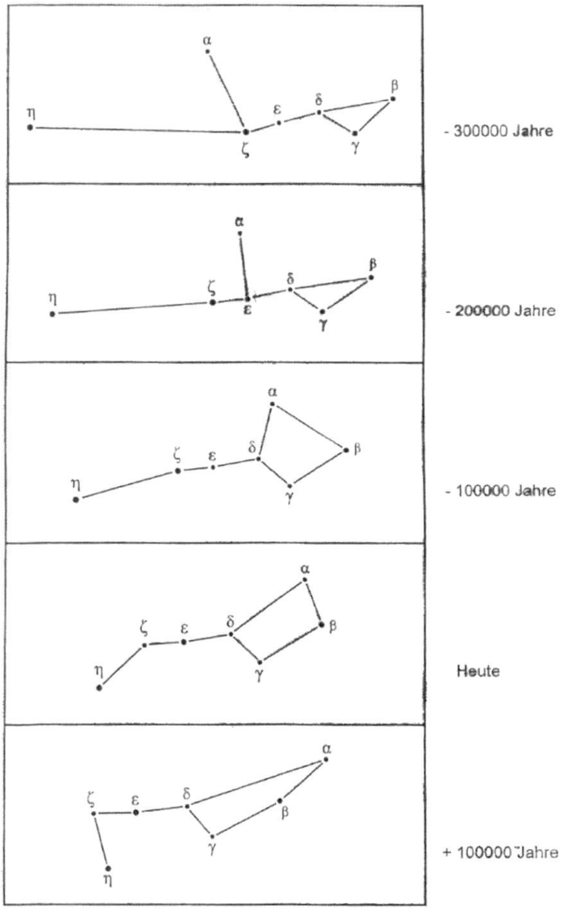

Abb. 10: Die Konstellation Ursa Maior von – 300 000 bis + 100 000 a. Chr.

Die Sterne βγδεζ gehören zum Kern des Bewegungssternhaufens Ursa major in etwa 80 Lichtjahren Entfernung. Sie behalten deswegen ihre relativen Positionen bei. Dagegen gehören α und η nicht zum Ursa-major-Haufen, sind erheblich weiter entfernt und besitzen andere Raumgeschwindigkeiten. Die Gruppe von 5 Sternen βγδ (vorausgehend im Sinne der täglichen Bewegung um den Himmelspol) und nachfolgend εζ ist daher seit den Anfängen der Evolution von Homo in annähernd gleicher Gestalt am Nordhimmel nahe $\delta \approx \pm 55°$ zu sehen. Sie wurde in vorgeschichtlicher Zeit (Indien etwa 1500 v. Chr., Griechenland 800 v. Chr. und früher) als Bärin aufgefaßt, die im Sinne der täglichen Bewegung der Fixsterne um den Himmelsnordpol marschiert, gefolgt von ihren typisch zwei (gelegentlich drei) Jungen, vielleicht auch η als männlicher Bär, der respektvolle Entfernung einhält (vgl. auch Schmidt-Kaler 2006, Scherer 1953). Lediglich α und η verändern ihre Position verhältnismäßig rasch. Die Lage relativ zum Himmelspol variiert (mit der Präzessionsperiode von 25750 Jahren) noch viel schneller, hat aber nur Bedeutung für die Frage, „ob die Bärin im Okeanos badet", d.h. ob Teile von ihr (βγ) zirkumpolar bleiben oder auch für einen Teil der Nacht untergehen. Der Himmelsjäger Orion (Nimrod) mit ebenfalls sieben Hauptsternen behielt ebenfalls seine Gestalt in den letzten 500000 Jahren, nicht aber die Zwillinge, der Stier u.v.a.m.

Anhang 4: A1 als mnemotechnisches Gerät

Das Knochenartefakt A1 ist das älteste Zeugnis nichtverbaler Überlieferung als Symbol, Vorläufer sowohl von Zahl wie von Schrift. Darüber hinaus markiert es den Beginn der Mnemotechnik. Das erste überlieferte (römische) Handbuch ist die sogenannte Rhetorica ad Herennium (ca. 90 v.Chr.). Dort heißt es:

„Wer die Mnemotechnik gelernt hat, kann das, was er gehört hat, an bestimmte Orte stellen und es von diesen Orten aus durch Erinnern nennen. Denn die Orte sind genau dasselbe wie Wachstafeln oder Papyri, die Bilder wie Buchstaben, die Anordnung und Verteilung der Bilder gleicht der Schrift und das Nennen dem Lesen. Wenn wir uns an viele Dinge erinnern wollen, sollten wir uns also ein großes Repertoire an Orten beschaffen, damit wir eine Menge Bilder an ihnen unterbringen können. Diese Orte sollten eine feste Reihenfolge haben, so dass wir niemals durch eine Verwirrung der Anordnung gehindert werden." (rhet. Her III 30, zitiert nach Andersen, S. 116. Ganz ähnlich Cicero de oratione II 354, zitiert nach Andersen S. 115:) „Wer sein Gedächtnis üben wolle, müsse bestimmte Plätze wählen und in Gedanken Bilder der Dinge, die er sich merken wolle, an die genauen Plätze setzen, die Plätze wie eine Wachstafel, die Bilder wie Buchstaben benutzen."

Einem Wild mit 27 regelmäßigen Einstands-Plätzen war der *Homo erectus* noch nie begegnet. Diese Herausforderung kam mit der Beobachtung des Mondes. Bemerkenswert ist wiederum, dass dieses älteste mnemotechnische Hilfsmittel sprachunabhängig durch Aufweisen funktioniert. O. Andersen: Im Garten der Rhetorik. Die Kunst der Rede in der Antike, Darmstadt 2001.

Anhang 5: Begriff, Abstraktion und Himmel

Die Herausbildung von Begriff und Abstraktion wird in Philosophie und Erkenntnistheorie ganz generell abgehandelt. Neu ist hier nur

1. das frühe Auftreten dieses Grund-Prozesses des Denkens – lange vor dem ersten Auftreten des Homo sapiens sapiens – der dies bisher als sein eigenstes, ganz besonderes Vorrecht vor allen anderen Lebewesen betrachtet
2. dass der nachweislich früheste abstrakte Begriff (der Zeitraum „siderischer Monat") an einem Himmelkörper, nämlich am Mond festgemacht ist.

Für die Kantische Philosophie ist das allerdings keine Überraschung. Denn Kant sagt: „Begriff ohne Anschauung ist leer." In der Tat: Die Erkenntnis erwächst aus der Anschauung (nämlich Tag für Tag wechselnder, aber Monat für Monat immer gleicher Stationen des Mondes). Letzten Endes genau deswegen macht sich der Homo Bilzingsleben ein ständig greifbares Abbild dieser Anschauung, das Artefakt A1. Aber nach Kant gilt auch: „Anschauung ohne Begriff ist blind." Man sieht bewußt nur das, was man auch erkennt. Der Bilzingslebener erkennt an den Mondstationen den Ablauf der Zeit, er kann ihn so sich selbst und anderen verdeutlichen, auf einen bestimmten Tag weisen, durch Vorzeigen auf dem Artefakt A1: **Er hält die Zeit fest!** Kein Schimpanse ist dazu imstande. *Aber auch der Archäologe war ohne den Begriff des siderischen Monats dem Artefakt A1 gegenüber blind*; ihm war die „Zeitanschauung" des Bilzingslebeners unbekannt, zumindest nicht geläufig.

Der Begriff gibt die innere Repräsentation der Umwelt wieder, ihrer Gegenstände, Relationen und Ereignisse. Ohne Begriff keine sprachliche Kommunikation. Aus kindlichen Individualbegriffen entwickeln sich allmählich durch fortgesetzte Abstraktion (d. h. durch sukzessive Vernachlässigung schließlich aller irrelevanten Merkmale) Allgemeinbegriffe.

Die enge Verbindung von Mond und Sternen am Himmel und denkerischer Abstraktion macht sich in der gesamten Religions- und Philosophiegeschichte bemerkbar. Gott und Himmel, Sein und Zeit, Ewigkeit und Tod sind verknüpfte Begriffspaare. Von Parmenides und Sokrates bis Kant und Hegel beherrscht der Himmel die Gedankenbewegung. Es sei nur auf Platons Dialoge „Timaios" und „Kratylos" und auf Kants „Kritik der praktischen Vernunft" verwiesen. In Kratylos sagt Sokrates: „Die ersten Menschen, die Hellas bewohnten, scheinen für Götter allein das gehalten zu haben, was jetzt noch viele Barbaren dafür ansehen: Sonne, Mond, Erde, Sterne und Himmel". (Ähnliches berichtet Caesar über die Göttervorstellungen der Germanen). Und später: „Die ersten, die Benennungen festgesetzt haben, scheinen nicht untüchtige Leute gewesen zu sein, sondern himmelskundige Männer."

Kant aber schreibt: „Zwei Dinge erfüllen das Gemüt mit immer neuer und zunehmender Bewunderung und Ehrfurcht, je öfter und anhaltender sich das Nachdenken damit beschäftigt: der gestirnte Himmel über mir und das moralische Gesetz in mir."

Anhang 6: Der Mond als Zauberer

Nicht nur, dass er ein Himmelswesen ist wie die Sonne und die Sterne, nicht nur dass er wie die Sonne (und viele Sterne) auch die Unterwelt besuchen und aus ihr wiederkehren kann, was doch nur Göttern und Geistern vergönnt ist – nein, er unterscheidet sich mit seinem milden Glanz in der Nacht doch sehr von der Sonne, die nicht nur wärmen, sondern auch stechen kann.

Aber ganz im Gegensatz zur Sonne steht sein Wachsen und Abnehmen. Tief im Westen, genau dort wo am Abend die Sonne in die Unterwelt fährt, da taucht unvermutet die schmale Sichel des jungen Mondes auf. Zwar erleuchtet sie kaum die Welt der Menschen und Tiere, aber sie ist den Menschen ein Zeichen erneuerten Lebens, wie im erwachenden Frühjahr die Schlangen aus ihren Erdhöhlen wieder herauskommen, in die sie sich vor dem Winter versteckt hatten. Dort also, wo der Untergang droht, erscheint der neue Mond, geht zwar bald unter, aber nur um am nächsten Abend im Westen heller und höher wieder zu erscheinen: der Mond wächst! Wächst wie ein Säugling zur vollen Größe und Reife – und nimmt danach ab, wird hinfällig wie ein Mensch im Alter, bis er stirbt – wie ein Mensch! Und zwar im Osten, dort wo die Sonne jeden Morgen neu ersteht, um im Untergangsbereich der Sonne selbst zu erstehen: Trickster, Fuchs, Magier, Zauberer. Nie erreichtes Vorbild aller Schamanen. In der Ursprungsgeschichte, der Arché dieser Mythen (K. Hübner 1985), wird man den Mond entdecken.